Uğursal Demir
Ercan Köse

Design de barco de pesca cultural a partir de material de polietileno

Uğursal Demir
Ercan Köse

Design de barco de pesca cultural a partir de material de polietileno

ScienciaScripts

Imprint
Any brand names and product names mentioned in this book are subject to trademark, brand or patent protection and are trademarks or registered trademarks of their respective holders. The use of brand names, product names, common names, trade names, product descriptions etc. even without a particular marking in this work is in no way to be construed to mean that such names may be regarded as unrestricted in respect of trademark and brand protection legislation and could thus be used by anyone.

Cover image: www.ingimage.com

This book is a translation from the original published under ISBN 978-3-330-65174-6.

Publisher:
Sciencia Scripts
is a trademark of
Dodo Books Indian Ocean Ltd. and OmniScriptum S.R.L publishing group

120 High Road, East Finchley, London, N2 9ED, United Kingdom
Str. Armeneasca 28/1, office 1, Chisinau MD-2012, Republic of Moldova, Europe
Printed at: see last page
ISBN: 978-620-8-03156-5

Índice

Resumo

Para além dos desenvolvimentos científicos realizados nos últimos anos, o aumento da população está a ocupar o seu lugar entre os problemas de necessidade alimentar. Estima-se que este problema se tornará cada vez mais frágil nos próximos anos. Especialmente na Turquia, com os incentivos e investimentos feitos nos últimos anos, a pesca cultural está a ser desenvolvida no sector e tem como objetivo aumentar o emprego. Neste estudo, foi realizado um projeto de barco de serviço que é utilizado pelas explorações que praticam a pesca de cultura em termos económicos e operacionais. O material polietileno de alta densidade (HDPE 100), que é barato, facilmente processável, com boa resistência à corrosão, alta resistência e peso leve, para além de estabilidade térmica, é o preferido para novos e superiores requisitos de material operacional. A utilização de HDPE 100, um material composto termoplástico num recipiente de polietileno optimizado para condições de funcionamento com sistemas de alimentação e pulverização, requer pouca manutenção e é facilmente reparável em comparação com outros materiais convencionais. As gaiolas de rede utilizadas na pesca de cultura eram também feitas de PEAD 100, pelo que o sector não é estranho a este material.

Palavras-chave: Barco de polietileno, Conceção de um barco de pesca cultural, Otimização de um barco de pesca

CAPÍTULO 1

1. Introdução

O desenvolvimento do sector da aquacultura na Turquia nos últimos anos tem sido um tema de investigação sobre as novas necessidades do sector. Apesar da capacidade a aumentar, para além do rendimento necessário da produção de peixe, a capacidade de realizar operações rápidas e eficientes está intimamente relacionada com a hierarquia de produção das explorações aquícolas.

O número de jaulas é reduzido; as pisciculturas com um diâmetro de jaula inferior a 8 metros satisfazem as suas necessidades com métodos tradicionais simples; as necessidades das grandes pisciculturas requerem uma intervenção muito mais profissional. Os barcos de aço e de madeira existentes gastam muito com a manutenção dos motores, com a morte, com a limpeza das algas, e estes dias podem durar dias. Para poder terminar os cuidados necessários o mais rapidamente possível, o que exigirá menos manutenção, a questão "será que podemos produzir um barco a partir de um material diferente?"

O polietileno é um material ideal para a produção de uma tecnologia que possa satisfazer as necessidades da indústria da aquacultura.

Neste estudo; "Projeto SAN-TEZ com o código 01015.STZ.2011-2 apoiado pelo Ministério da Ciência, Indústria e Tecnologia do TC", utilizando chapas e tubos de polietileno HDPE 100, foi realizada uma embarcação de serviço e operação concebida para resolver os principais problemas identificados nas explorações aquícolas.

Além disso, as chapas e tubos de polietileno HDPE 100 de alta resistência e alta tensão de projeto utilizados neste projeto proporcionaram uma grande oportunidade para conceber uma embarcação de serviço e operação para resolver os principais problemas identificados nas explorações aquícolas.

Este projeto consiste em conceber e fabricar uma embarcação de serviço com equipamentos pneumáticos, hidráulicos e automáticos montados no convés, na forma mais adequada às condições de trabalho e às necessidades do sector da pesca de cultura e, em especial, para os eixos de alimentação, pulverização, manipulação e manutenção.

O alumínio tem uma massa corporal de 4 kg/dm^3 , enquanto o aço tem uma massa de 8 kg/dm^3 a massa do núcleo era de apenas 0,95 kg/dm^3 . Um material de polietileno com o mesmo volume é 8 vezes mais leve do que o aço. Por conseguinte, os barcos feitos de polietileno são muito mais leves do que os outros e podem transportar mais cargas, atingir velocidades mais elevadas com motores mais pequenos e consumir menos combustível.

Graças ao material de polietileno (HDPE) de fácil processamento, os barcos podem ser projectados, fabricados e obter o máximo desempenho de acordo com os requisitos do cliente. Devido à sua forma, tem uma elevada estabilidade e, ao mesmo tempo, é o barco mais rápido. A ausência de manutenção e de pintura no mar evita que os barcos se façam ao mar durante muito tempo e poupa-os aos custos de manutenção. Mesmo em caso de ferimentos, os cortes ou perfurações não crescem como acontece noutros materiais e a sua reparação é muito mais fácil e barata do que noutros materiais.

Pode ser projetado para transportar cargas ao mesmo tempo que o design. Apesar da capacidade de transportar cargas, é simultaneamente deslizante e manobrável devido ao facto de ser um barco do tipo casco plano.

As aplicações bem sucedidas serão utilizadas nos anos seguintes para servir dimensões maiores e objectivos mais sofisticados, como barcos, plataformas, etc. Prevê-se que possa ser concebido e produzido.

O nosso objetivo é estar um passo à frente dos nossos concorrentes no mercado internacional, incluindo os barcos que serão produzidos com este material, que é muito aberto a inovações e desenvolvimento, entre os produtos patenteados das empresas do nosso país. O nosso principal objetivo é beneficiar das vantagens do material polietileno no sector dos barcos e conceber e fabricar um barco que seja único para os serviços de exploração e serviço de pesca da cultura agrícola e que responda às necessidades do sector em questão. Além disso, está previsto um design muito especial e muito diferente para este projeto. Espera-se que o barco e o equipamento montado no convés concebido na classe de barco de serviço especial sejam atraídos pelos potenciais clientes e respondam às necessidades.

1.2. Material de polietileno

O polietileno é um termoplástico com uma vasta gama de produtos. Atualmente, continua a ser utilizado de forma generalizada. O nome é produzido a partir de etileno na forma de monómero e polietileno não etileno. Na indústria de plásticos, muitos nomes são usados brevemente como PE. Para obter a matéria-prima obtida como resultado da polimerização, a fim de obter o polietileno do mercado de petróleo e gás.

A reação de polimerização do etileno foi descoberta na Imperial Chemical Industries, que produziu os produtos químicos britânicos por acaso em 1930. Mas, inicialmente, é possível seguir as pressões muito elevadas de 2000 bar.
É reciclado, uma vez que entra no grupo de produtos termoplásticos de polietileno. O HDPE 100 está a absorver o impacto, prolongando a vida do tubo em 600%.

Não são facilmente afectados por acidentes no mar, os ferimentos são difíceis e não são um material inflamável. Além disso, os cortes ou furos não crescem como se fossem noutros materiais e a reparação é muito mais fácil e barata do que noutros materiais. Este material pode manter as suas propriedades elásticas até -40 ° C.

Rapidamente se percebeu que as propriedades mecânicas e eléctricas do polietileno eram utilizadas de forma diferente. Posteriormente, o químico K. Ziegler, em 1950, reagiu com uma pressão mais baixa.

Este método foi alargado a todas as variedades de polietileno na década de 1970; desde então, o polietileno tornou-se o material plástico mais utilizado em todo o mundo. Desde então, o polietileno tornou-se o material plástico mais utilizado em todo o mundo. Foi utilizado numa vasta gama de áreas, desde sacos do lixo a isolamentos eléctricos. O material de polietileno, chamado grânulos, é produzido através do processamento destas partículas do tamanho de um grão de ervilha médio em fornos especiais.

Fig.1. Granulado de polietileno

Este material foi produzido em PE 63 (resistência mínima de 6,3 MPa) e, em seguida, em PE 80 de baixa densidade (exigência mínima de 8 MPa). Em 1970, PE 80 de alta densidade e, em 1988, PE 100 (resistência mínima exigida de 10 Mpa).

A produção de polietileno é feita através da polimerização do etileno. O método de polimerização pode ser por polimerização radical, polimerização aniónica, polimerização por coordenação iónica e métodos de polimerização catiónica. Cada um destes métodos produz diferentes tipos de polietileno. O polietileno é classificado em várias categorias com base na densidade e nas propriedades químicas. As suas propriedades mecânicas dependem do seu peso molecular, estrutura cristalina e tipo de ramificação. Pode ser produzido em diferentes cores.

Fig. 2. Grânulos de polietileno de diferentes cores

1.3. Área de utilização do PEAD 100

Atualmente, a construção de barcos de pequenas dimensões mais comum no mundo é feita de material de fibra de vidro. No entanto, para além de constituir uma melhor alternativa à fibra de vidro na produção de material de polietileno, permite a construção de barcos de maiores dimensões com elementos estruturais incorporados. Também achamos apropriado utilizar este material de acordo com os nossos objectivos.

O PEAD, que tem uma vasta área de utilização, é utilizado na produção de tubos de pressão, tubos de distribuição de gás, garrafas, tambores, barris, produtos de linha branca e peças de maquinaria, isoladores, brinquedos, produtos eléctricos e electrónicos. O PEAD também é utilizado na construção de barcos e armazéns, uma vez que é resistente à água.

Estão a decorrer estudos sobre o PE 125. De acordo com a classe de densidade da matéria-prima de polietileno: HDPE, MDPE, LDPE e LLDPE; De acordo com a distribuição do peso molecular: Unimodal e Bimodal.

- Em sistemas de água potável
- Sistemas de irrigação agrícola e de agricultura
- Sistemas de jardinagem e paisagismo
- Em sistemas de aspersão
- Em sistemas de fontes
- Produção de barcos
- Gaiolas para aquacultura
- Sistemas de água potável submarina
- Sistemas de piscinas

Estão a decorrer estudos sobre o PEAD 125. De acordo com a classe de densidade da matéria-prima do polietileno: HDPE, MDPE, LDPE e LLDPE; De acordo com a distribuição do peso molecular: Unimodal e Bimodal.

CAPÍTULO 2

2. Processo de conceção

As principais dimensões do corpo do barco; O programa Bentley Maxsurf foi concebido para ser 3D; com LOA = 9,30m, BOA = 2,90m, T = 1m. Os computadores podem ser calculados por computador, se necessário; gráficos.

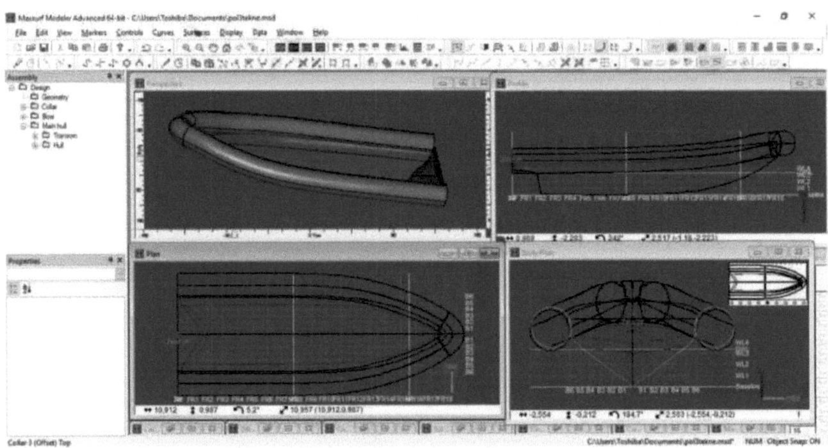

Fig. 3. Vista geral do barco de polietileno no Maxsurf

Tabela 1. Dimensões principais do barco e coeficiente de forma

Water density	1.026	ton/ m^3	LCB +Forward	4.013	m
Loaded Disp.	6.1	ton	LCF + Forward	3.904	m
T (Draft)	1	m	KB	0.745	m
f	0.50	m	KG	0.9	m
D (T + f)	1.50	m	BMt	1.67	m
LWL	8.434	m	BMl	15.155	m
LOA	9.303	m	GMt	1.515	m
B	2.90	m	GMl	15.001	m
wetted area	32.211	m^2	KMt	2.415	m
Average w. area	17.529	m^2	KMl	15.901	m
CP	0.773		TPc	0.18	t/cm
CB	0.283		MTc	0.105	ton.m
CM	0.367		RM-1degree= GMt.sin(1)	137.324	kg.m
CWP	0.92		precision	-	50 r

2.2. Resistência e propulsão do barco

O Maxsurf Resistance fornece um meio de prever a resistência de um casco de navio. Os desenhos Maxsurf podem ser lidos e medidos automaticamente para obter os parâmetros necessários, ou os parâmetros podem ser digitados à mão sem a necessidade de um ficheiro de desenho Maxsurf existente. Se a eficiência global da instalação de propulsão for conhecida, ou puder ser estimada, os requisitos de potência do projeto podem ser previstos.

Dados os dados necessários para os algoritmos de previsão de resistência selecionados para análise, o Maxsurf Resistance calcula a resistência do casco a uma série de velocidades e apresenta os resultados em formato gráfico e tabular. Estes resultados podem ser copiados para uma folha de cálculo ou processador de texto para posterior análise e/ou formatação. O Maxsurf Resistance suporta cálculos de previsão de resistência para uma vasta gama de monocascos e multicascos.

Existem muitas abordagens diferentes para prever a resistência de uma embarcação. O Maxsurf Resistance implementa vários algoritmos de previsão de resistência diferentes, cada um aplicável a várias famílias de formas de casco. Por exemplo, alguns dos algoritmos são úteis para estimar a resistência de cascos de planas, enquanto outros são úteis para estimar a resistência de cascos de barcos à vela.

Para além dos cálculos de previsão da resistência, o Maxsurf Resistance também pode ser utilizado para calcular o padrão de onda gerado pela embarcação para uma determinada velocidade.

É de salientar que a previsão da resistência não é uma ciência exacta e que os algoritmos implementados neste programa, embora sejam úteis para estimar a resistência de um casco, podem não fornecer resultados exactos.

O Maxsurf Resistance é essencialmente um programa de previsão de resistência. Vários métodos baseados em regressão e um método analítico podem ser utilizados para prever a resistência da forma do casco. É prática normal da arquitetura naval dividir a resistência em componentes que se escalonam de acordo com diferentes leis.

O Maxsurf Resistance pode calcular os componentes da resistência sob a forma de coeficiente. No entanto, uma vez que diferentes métodos utilizam diferentes formulações, nem todos os componentes de resistência podem estar disponíveis. O Maxsurf Resistência verifica se os dados introduzidos estão dentro dos intervalos válidos para os métodos selecionados. Se os valores estiverem corretos, serão apresentados a preto; se forem demasiado baixos, serão apresentados a vermelho com as palavras (baixo); se forem demasiado altos, serão apresentados a laranja com a palavra (alto).

O Maxsurf Resistance continuará a tentar calcular a resistência do casco se os dados estiverem fora do intervalo, mas estes resultados devem ser tratados com cuidado, uma vez que a exatidão do método pode ser comprometida se os parâmetros estiverem fora do intervalo válido.

Os valores de resistência e potência calculados no módulo de resistência maxsurf são apresentados na Tabela 2.

Tabela 2. Valores de resistência

			The method of Lahtiharju	The method of Holtrop
LWL	8.434	m	8.394	8.394
B	2.90	m	2.634	2.634
T (Draft)	1	m	0.978	0.978
∇	5.101	m^3	5.101	5.101
Wetted surface area	32.211	m2	32.211	32.211
CP	0.773		--	0.733
Water resistance	0.802		--	0.802
1/2 angle	26.14	degree	--	26.14
LCG –midship-	-0.776	m	--	-0.776
A.P. area	0.365	m^2	0.365	0.365
Bwl	2.634	m	--	--
Thr. dist. from aft	0.259	m	--	--
Kesit alanı	0.958	m2	0.958	--
Draft -FP	0.98	m	--	0.98
Central of WL	38.72	degree	--	--
Air density	0.001	ton/ m^3		
Add area	0	m^2		
Add Factor	1			
correlation	0.0004			
kinematic viscosity	1.1883E-06	m^2/sn		

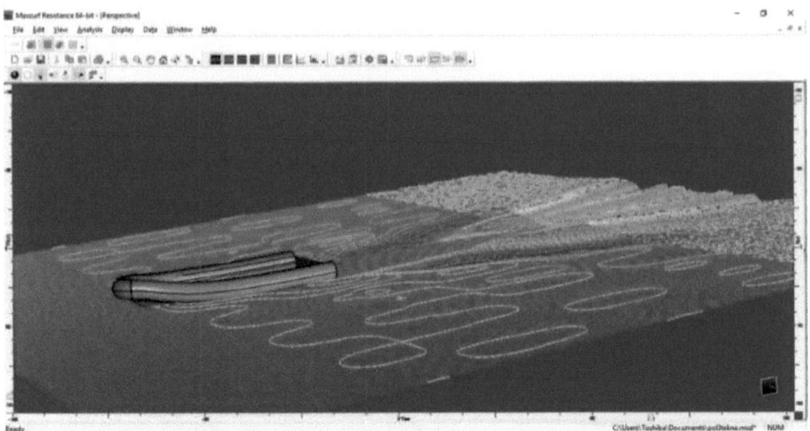

Fig. 4. Simulação da análise da resistência

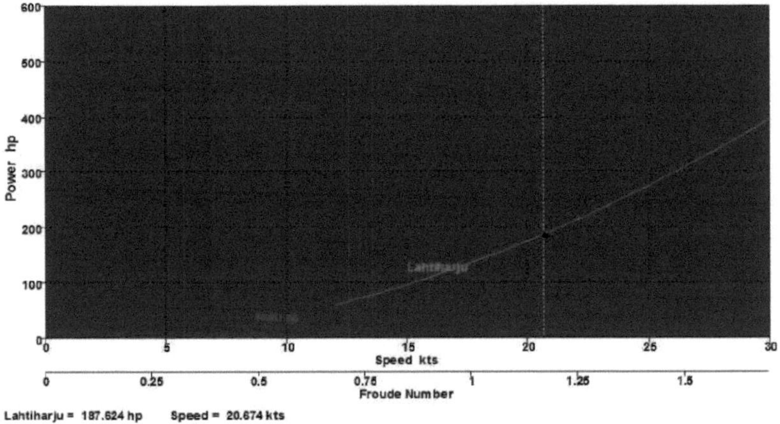

Fig. 5. Diagrama de potência do barco

2.3. Análise hidrostática e de estabilidade da embarcação

No módulo de estabilidade do Maxsurf, a análise hidrostática é efectuada em águas calmas e na crista e no fundo das ondas. O Maxsurf Stability é um programa de hidrostática, estabilidade e resistência longitudinal especificamente concebido para trabalhar com o Maxsurf.

O Maxsurf Stability acrescenta informações adicionais ao modelo de superfície Maxsurf. Isto inclui: compartimentos e pontos-chave, tais como pontos de inundação e linha de margem.

As ferramentas de análise do Maxsurf Stability permitem a determinação de uma vasta gama de caraterísticas hidrostáticas e de estabilidade para o seu projeto Maxsurf. Uma série de opções de configuração ambiental e modificadores acrescentam mais capacidades de análise ao Maxsurf Stability.

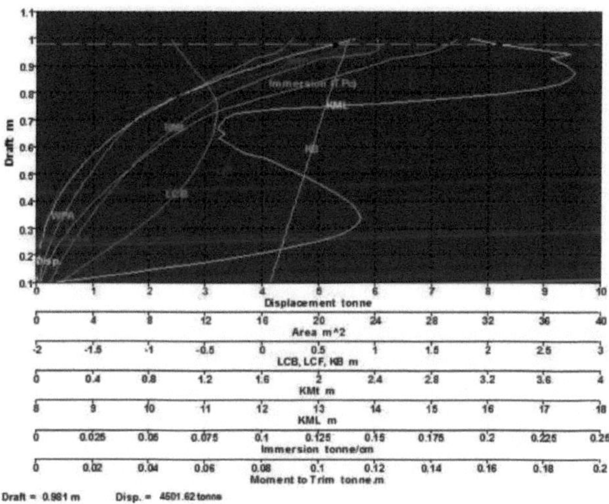

Fig. 6. Análise hidrostática em águas calmas

No módulo de estabilidade do Maxsurf, a análise de estabilidade foi efectuada em águas calmas e na crista e na depressão das ondas.

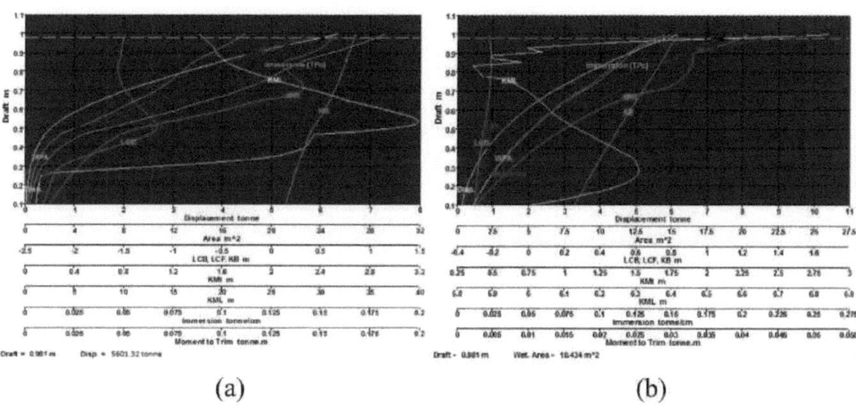

(a) (b)

Fig. 7. Análise hidrostática (a) na crista da onda, (b) na depressão da onda

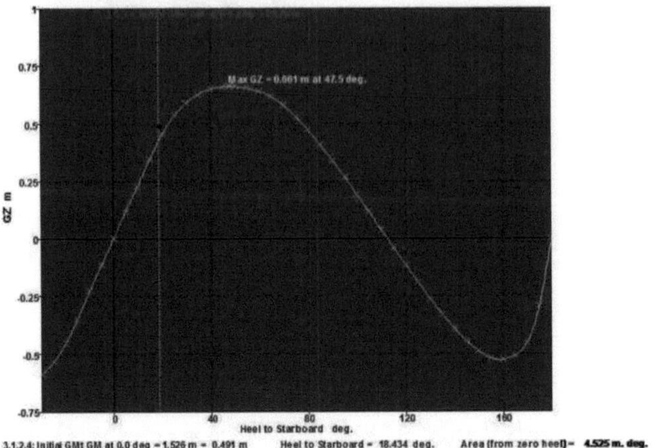

Fig. 8. Análise da estabilidade em águas calmas

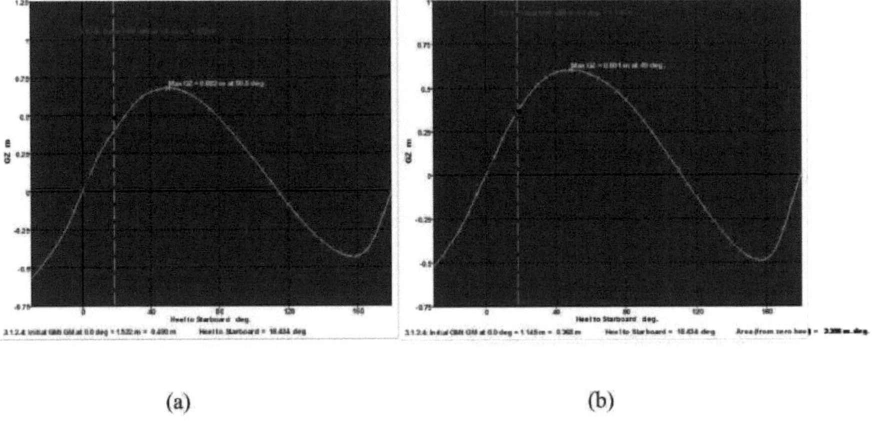

(a) (b)

Fig. 9. Análise da estabilidade (a) na crista da onda, (b) na depressão da onda

2.4. Análise da navegabilidade do barco

Métodos numéricos de previsão dos RAO dos navios Estes métodos podem ser divididos em dois grupos principais: domínio do tempo e domínio da frequência. Os métodos no domínio do tempo modelam a passagem da onda pelo casco. Em pequenos passos incrementais no tempo, a força líquida instantânea no casco é calculada através da integração da pressão da água e das forças de atrito em cada parte do casco.

Utilizando a segunda lei de Newton, é calculada a aceleração no casco, que é depois integrada no intervalo de tempo para calcular a nova velocidade e posição da embarcação. Embora este procedimento pareça relativamente simples, estes métodos ainda estão a ser desenvolvidos em universidades e outros estabelecimentos de investigação e não são utilizados rotineiramente por arquitectos navais comerciais.

Os principais problemas residem na capacidade de prever com exatidão as forças hidrodinâmicas que actuam no casco e nos computadores rápidos (mesmo segundo os padrões actuais) necessários para executar os programas.

Movimentos Maxsurf calculados com o módulo Seakeeper. No Mar Negro, quando as condições meteorológicas do barco forem estudadas, será suficiente aceitar a altura de onda caraterística como 1,88 m.

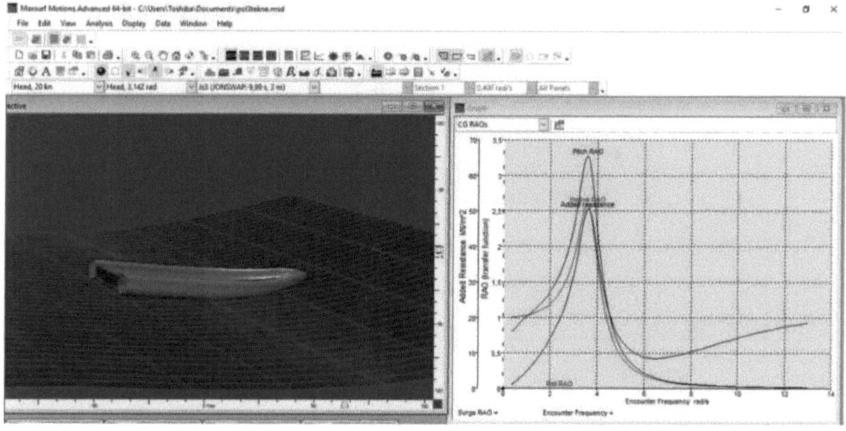

Fig. 10. Análise da navegabilidade com valores ROA

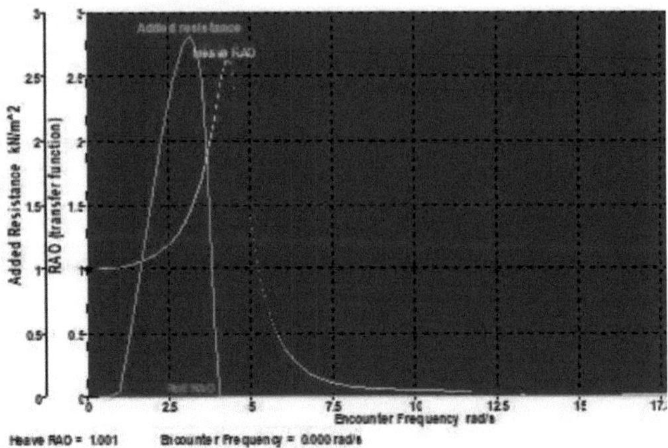

Fig. 11. Gráfico do resultado do cálculo quando a onda de proa é de 20 nós

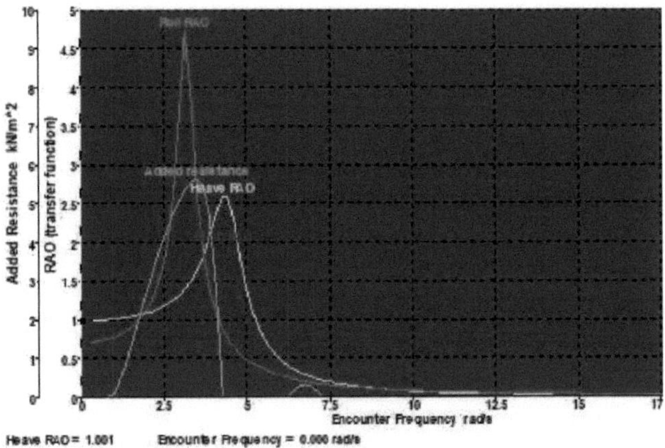

Fig. 12. Cálculo do gráfico de resultados quando o ângulo de resposta da onda de proa é de 135 graus (45 graus no ombro de proa) e 20 nós

CAPÍTULO 3

3. Inspeção destrutiva de cordões de soldadura de material de polietileno de alta densidade

Após a conceção das embarcações de serviço mais adequadas às condições de trabalho e às necessidades do sector das pescas aquícolas das embarcações de polietileno, que são fabricadas a baixo custo, especialmente tirando partido das suas vantagens mecânicas na produção de embarcações, pretende-se examinar empiricamente o método de soldadura utilizado na fase de fabrico da oficina de serviço a construir tirando partido das propriedades mecânicas do material polietileno de alta densidade (HDPE100). Neste contexto, foram realizados ensaios de tração em três provetes diferentes produzidos para o exame destrutivo dos cordões de soldadura. Os ensaios de tração foram realizados nos laboratórios do Departamento de Engenharia Metalúrgica e de Materiais da Karadeniz Technical

Universidade.

3.2. Introdução

Os tubos de polietileno têm sido utilizados para o transporte de água e gás durante décadas. É utilizado em aplicações industriais, municipais, mineiras e agrícolas devido às suas propriedades mecânicas superiores contra a corrosão e a abrasão (Pokharel, Kim e Choi, 2016).

Atualmente, são produzidos muitos tipos de botas de polietileno, especialmente gaiolas de pisciculturas, barcos de serviço de pisciculturas, tanques marítimos, barcos da polícia, ambulâncias marítimas. Os métodos de união de materiais de chapas e tubos de polietileno de alta densidade do grupo dos termoplásticos utilizados na fase de fabrico destas botas são considerados como um assunto à parte em comparação com outros métodos de união metálica. Com efeito, os métodos de união tradicionais não podem ser aplicados diretamente em estruturas compósitas. Por esta razão, foram desenvolvidos métodos alternativos.

A utilização de filme termoplástico termicamente fundível permite a fixação mecânica, bem como a soldadura com a vareta de soldadura do mesmo material (Ageorgesa, Yea e Hou, 2001). Para garantir a superioridade mecânica do material em todos os trabalhos a efetuar com polietileno, é necessário formar a integridade do sistema.

Da mesma forma, é essencial que os materiais sejam soldados e que um único material seja descoberto. É necessário conhecer em termos simples as substâncias que compõem o conteúdo do material. A análise espetral dar-nos-á esses resultados. Os resultados dos relatórios para as varetas e placas de soldadura de polietileno estão detalhados na Figura 13 e na Figura 14.

Werkszeugnis / Test report / Relevé de contrôle 2.2 - DIN EN 10204

Material-Nr. / Mat.no. / N° materielle: 030000158

Material: PE-HWU Platte, extrudiert
Material: PE-HWU Sheet, extruded
Produit: PE-HWU Plaque, extrudée

Chargen-Nr./ Batch.No./ N° du lot VK30021371

Liefermenge / Quantity / Volume de livraison 10 ST

Formmasse / Moulding batch / Matiere moulable PE.EACH,45 T 003/006
Lieferbedingung / Delivery conditions / Conditions de livraison DIN EN ISO 14632

Farbe/Colour/couleur	SCHWARZ/BLACK/NOIR		
Farb-Nr./Colour no./n° couleur	09500	Länge/Length/longueur	3000 MM
Breite/Width/largeur	1500 MM	Stärke/Thickness/épaisseur	12,0 MM

Prüfergebnisse aus nicht spezifischer Kontrolle / Test results of the non-specific control / Resultats des controles non specifique

Prüfung Test/Essai	**Norm** Norm/Norm	**Soll** Set.val/Val.exigée	**Ist** Act.val/Val.réele	**Einheit** Unit/Unité
Dichte Density Densite	DIN EN ISO 1183-1	0,9500 - 0,9600	0,9600	g/cm3
Schmelzindex (190/5) Melt flow index (190/5) Indice de fusion (190/5)	DIN EN ISO 1133	0,3000 - 0,8000	0,3700	g/10min
Streckspannung Tensile strength at yield Resistance au seuil de fluage	DIN EN ISO 527-2	>=20,0000	24,2100	MPa
E-Modul E-modulus E a la flexion	DIN EN ISO 527-2	>=800,0000	1.020,4200	MPa

Fig. 13. Resultados da análise espetral das folhas de polietileno

Werkszeugnis / Test report / Relevé de contrôle 2.2 - DIN EN 10204

Material-Nr. / Mat.no. / N° materielle: 040000033

Material: PE-HWU-B Schweißdraht, extrudiert, Runddraht
Material: PE-HWU-B Welding rod, extruded, round
Produit: PE-HWU-B Fil à souder, extrudé, rond

Chargen-Nr./ Batch.No./ N° du lot VK30021350 Rohst./ Raw mat./ Matiere prem. Borstar HE 3470 LS

Liefermenge / Quantity / Volume de livraison 269,900 KG

Formmasse / Moulding batch / Matiere moulable PE,EACH,45 T 003/006

Farbe/Colour/couleur NOIR/BLACK/NOIR
Farb-Nr./Colour no./n° couleur 09500 Länge/Length/longueur 0 MM
d/d/d 4,0 MM

Prüfergebnisse aus nicht spezifischer Kontrolle / Test results of the non-specific control / Resultats des controles non specifique

Prüfung Test/Essai	**Norm** Norm/Norm	**Soll** Set.val/Val.exigée	**Ist** Act.val/Val.réele	**Einheit** Unit/Unité
Dichte-Formmasse Density-moulding material Densitè-matière moulable	DIN EN ISO 1183-1	0,9520 - 0,9600	0,9562	g/cm3
MFR-Formmasse (190/5) MFR-moulding material(190/5) Matière moulable MFR (190/5)	DIN EN ISO 1133	0,2400 - 0,3600	0,2600	g/10min
Dichte Density Densite	DIN EN ISO 1183-1	0,9500 - 0,9600	0,9500	g/cm3
Schmelzindex (190/5) Melt flow index (190/5) Indice de fusion (190/5)	DIN EN ISO 1133	0,2600 - 0,5800	0,4200	g/10min
Schrumpf laengs Shrinkage along Traitement thermique long.	ISO 11501	<=2,0000	-1,2500	%

Fig. 14. Resultados da análise espetral das varas de soldadura de polietileno

3.3. Métodos de montagem de tubos e chapas de PEAD 100 por soldadura

Os materiais utilizados para além das normas nas fontes de tubos de polietileno são tidos em conta as recomendações do fabricante. Fontes de polietileno, formação especial para materiais e equipamentos a serem utilizados, formação e soldadores que possuem certificações de soldadores; "TS EN 13067 PESSOAL PLÁSTICO COM RECURSO "fornece essa competência.

De acordo com esta norma, os soldadores são também sujeitos a testes de qualificação. O método de combinação das três fontes principais foi utilizado na construção do monumento de pesca em polietileno concebido para este estudo.

Os principais métodos utilizados na soldadura de tubos e placas de polietileno de alta densidade são os seguintes

- Método de soldadura do fundo

- Método de Soldadura por Electrofusão

- Método de soldadura da extrusora

3.4. Método de soldadura do fundo

A soldadura de fundo, tubos e acessórios do mesmo diâmetro e espessura de parede e combinando a testa e a testa com a ajuda da temperatura é um método de ligação. As partes da boca das peças a soldar são aquecidas até à temperatura de fusão (200-220 ° C), raspando-as cuidadosamente.

Em seguida, o material é colado com uma certa pressão. A máquina de soldar à testa é regulada de modo a que a temperatura e o tempo não prejudiquem as propriedades químicas e físicas do material.

No método de soldadura da testa, as zonas da testa são pressionadas com uma certa pressão no aquecedor (acoplamento), esperadas a uma pressão quase nula à temperatura de soldadura da testa (aquecimento não pressurizado) e unidas sob pressão.

A ligação numa fonte de testa de qualidade tem, pelo menos, o tubo original que tem a força que é. Obter uma peça de mão de qualidade, pressão de soldadura, temperatura e parâmetros de tempo devem ser meticulosamente ajustados.

Fig. 15. Aplicação de soldadura de fundo

3.5. Método de soldadura por electrofusão

Nos processos de soldadura e junção realizados por soldadura por electrofusão, a comodidade e a segurança foram melhoradas. A soldadura automática com erro humano automático é evitada em termos de tempo e qualidade.

Para a temperatura medida em torno do tubo quando soldado, com os produtores de tubos PEAD, devem ser consideradas as recomendações dos fabricantes de máquinas de soldadura por electrofusão.

Os tubos fabricados a partir da mesma matéria-prima podem ser soldados no processo de soldadura por electrofusão. Caudal de fusão para soldadura por electrofusão de PEAD 0,3 -...- 1,7 gr / 10 min. (190 ° C / 5 kgj.) Os caudais de fusão do tubo e da manga a soldar devem situar-se entre estes valores. Com o mesmo caudal de fusão, a soldadura do tubo pode ser efectuada.

Fig. 16. Aplicação de Soldadura por Electrofusão

3.6. Método de soldadura da extrusora

Dentro destes métodos, assume-se que os produtos fabricados pelo método de soldadura por extrusão são utilizados neste estudo. A soldadura por extrusão é um método que requer mais mão de obra do que outros métodos. É um método de soldadura que é aplicado manualmente no revestimento plano, no correio e em áreas estreitas onde a ligação por soldadura e a soldadura por electrofusão não são possíveis.

A máquina de soldar com a boca de soldadura limpa as superfícies é aquecida. O ar quente que a máquina de soldar sopra para a superfície de soldadura amolece a superfície da boca de soldadura; o processo de soldadura é efectuado aplicando o elétrodo de soldadura de plástico (vareta de soldadura de polietileno na lateral) à superfície do fio.

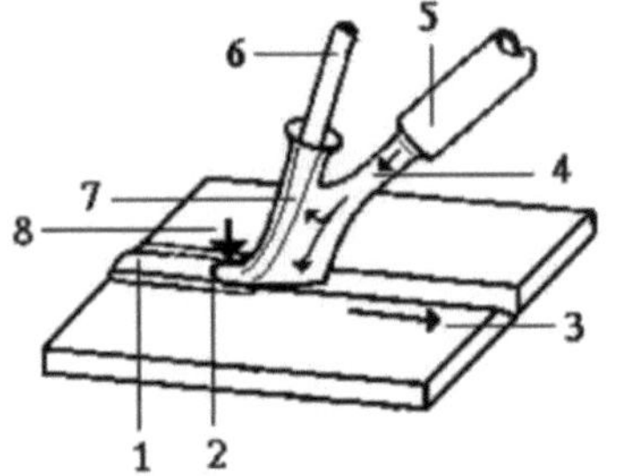

1. Welding Bead
2. Wash
3. Welding Direction
4. Hot Air
5. Air Heater
6. Welding Rod
7. Welding Rod at Plasticized State
8. Pressure

Fig. 17. Diagrama do princípio de soldadura da extrusora

3.6. Amostras e meios de laboratório a partir de folhas de polietileno

Considerando as áreas de aplicação industrial, o fundo de polietileno de alta densidade em ebulição de tubos e a electrofusão são os métodos mais preferidos no mercado de origem.

Para as folhas, é utilizado o método de soldadura por extrusão. Com exceção da inspeção visual e manual após a soldadura, a TS EN 13100-3 "Ensaios não destrutivos de juntas soldadas em produtos semi-acabados termoplásticos.

Também podem ser realizados exames ultra-sónicos". Ou, testes de inspeção não destrutivos, tais como testes radiográficos de raios X, também podem ser realizados na área de aplicação de acordo com a TS EN 13100-2 "Testes não destrutivos de juntas soldadas de produtos semi-acabados de termoplásticos. Para investigar o comportamento mecânico dos materiais, podem ser efectuados diferentes ensaios mecânicos, tais como ensaios de compressão e de impacto.

No entanto, a experiência mais comum entre as experiências mecânicas é o ensaio de tração. A principal razão para tal é o facto de tanto os resultados do comportamento mecânico do material como os resultados obtidos serem diretamente utilizados nos cálculos de engenharia. Especificamente no âmbito deste estudo, o ensaio de tração é o ensaio mecânico mais básico que se pode realizar num material. Os ensaios de tração são simples, relativamente baratos e exatamente normalizados.

Quando pegamos em algo, podemos ver facilmente como o material reage às forças aplicadas. Quando o material é puxado, a sua resistência pode ser encontrada de acordo com a quantidade de alongamento. Além disso, quando se continua a puxar, pode obter-se um perfil de tração bom e completo. Uma curva será apresentada para indicar como as forças responderam.

Ponto de paragem; O último ponto de duração é o critério fundamental para os engenheiros. Para além disso, a descrição técnica a utilizar no âmbito do estudo é útil se for apresentada de forma sucinta. Quando a força é aplicada no material, os alongamentos alongados no material são elásticos e são proporcionais ao alongamento dentro dos limites.

Esta é a chamada "Lei de Hooke". O módulo de elasticidade é uma caraterística do material.

ε, deformação efectiva

σ, tensão

E, módulo de elasticidade a ser;

O módulo de elasticidade é definido como a força de ligação entre dois átomos e a força do material (resistência). O módulo de elasticidade é uma caraterística.

$$E = \frac{\sigma}{\varepsilon}$$

3.7. Estudo de caso

Determinação das informações básicas de projeto sobre o ensaio de tração, a resistência dos materiais e a classificação dos materiais de acordo com as suas propriedades. Ensaio de tração, normas preparadas de acordo com o eixo único do provete, a uma determinada velocidade de tração e a uma temperatura constante, é retirado até ser quebrado. Durante o ensaio, o desenho é efectuado de acordo com as normas.

Os valores de alongamento resultantes da força ou deformação aplicada à amostra são registados. A seguinte mecânica básica do material que a amostra representa como resultado do ensaio de tração

As especificações podem ser determinadas:

- Tensão de cedência
- Tensão de tração
- Alongamento até à rotura
- Redução da secção transversal

- Resistência
- Módulo de elasticidade
- Rezilyance

As folhas de polietileno de alta densidade HDPE 100 são produzidas na espessura e tamanho desejados. Como método de junção, são utilizados principalmente os métodos de soldadura à testa e de soldadura por extrusão. Utilizámos folhas de polietileno de 12 mm de espessura soldadas com métodos de soldadura por extrusão que utilizámos para unir o material. Os espécimes cujas dimensões são determinadas de acordo com a norma "ISO / WD 6259-3" a partir destas placas são estimados com CNC.

As amostras obtidas foram observadas no laboratório do Departamento de Metalurgia e Engenharia de Materiais da Universidade Técnica de Karadeniz e a forma como o ensaio de tração e a quantidade de alongamento foram alterados no intervalo dos valores padrão relevantes.

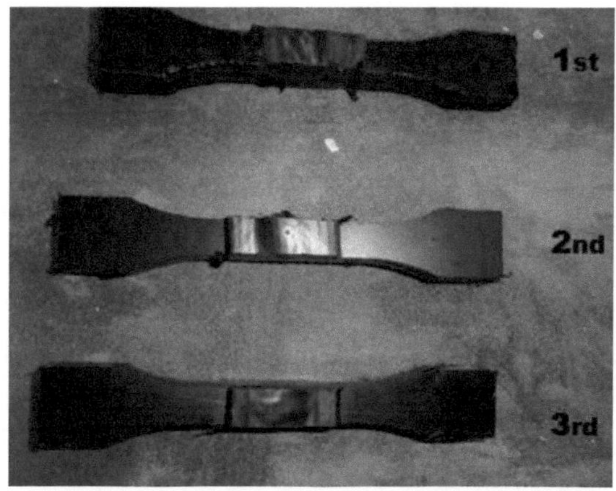

Fig. 18. Total de 3 amostras - 1ª amostra de tipo, ISO/WD 6259-3

Atualmente, estão disponíveis máquinas universais de ensaio de tração altamente avançadas. Estas máquinas estão equipadas com sistemas hidráulicos e electrónicos e possuem. Além disso, os valores da carga aplicada e do alongamento podem ser obtidos imediatamente com a ajuda de computadores.

O alongamento do provete nestas máquinas, vídeo sem contacto desenvolvido nos últimos anos para além dos extensómetros de tipo (extensómetro), medidores de alongamento (vídeo extonsomater). A máquina de reboque universal é constituída basicamente por duas partes.

Destes destacam-se o sistema eletromecânico onde são recebidos os dados e o sistema de processamento de dados dos resultados obtidos. No sistema eletromecânico, as mandíbulas onde são colocadas as amostras, a célula de carga onde é detectada a carga aplicada, o medidor de alongamento ao qual é atribuído o alongamento (extensómetro) e os sistemas mecânicos onde é realizado o movimento.

Processamento de dados O sistema é efectuado por computadores em máquinas modernas. Neste sistema, com um software avançado, todos os dados que podem ser obtidos com o ensaio de tração são recolhidos e processados.

Fig. 19. A amostra do 1° tipo é o punho da máquina de ensaio de tração

O alongamento, o limite de elasticidade e a diferença entre o primeiro e o último comprimento das três amostras recolhidas correspondem à gama de valores indicados na norma.

Os gráficos relevantes são apresentados por ordem. Diagramas típicos de tensão-deformação resultantes de ensaios de tração nas *figs. 20,21,22* são apresentados. Como se pode ver na figura, o diagrama tensão-alongamento é composto por três partes. Estas são as áreas de deformação elástica, a zona de deformação plástica homogénea e a zona de deformação não plástica homogénea.

A tensão-deformação na curva de deformação elástica mostra uma mudança linear. Assim, o valor da percentagem de alongamento com o aumento da tensão também aumenta proporcionalmente. Se a tensão aplicada neste intervalo for removida, o valor do alongamento percentual é reduzido a zero. Assim, não ocorre qualquer alteração permanente da forma da amostra. A Lei de Hooke (Q = E.e) é aplicada nesta região e o declive da reta dá o "Módulo de Elasticidade u do material".

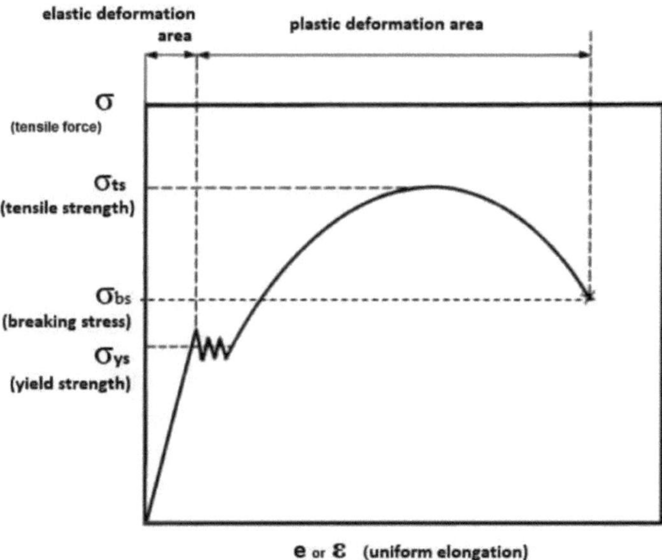

Fig. 20. Desenho de um aço macio de baixo carbono como exemplo

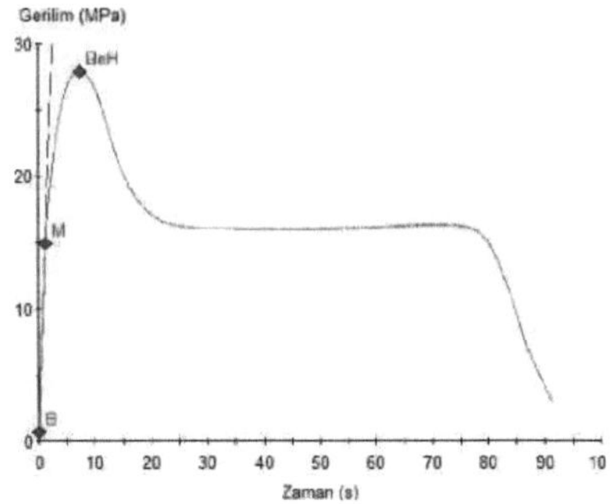

Fig. 21. Gráfico da tensão de cedência da amostra do 1° tipo

Tabela 3. Dados do resultado do ensaio da amostra do 1° tipo

Sample length (after)	60.000
Test speed	50.000
sample length (first)	10.000
parallel section length	60.000
moisture	50.000
temperature	23
Max. tensile force	27.9
yield strength -mx	27.909
yield strength -mn	***
tensile strength-mx	27.909
Max. force	2976.514
strain failure	500.000
cross sec.area damping	62.1917

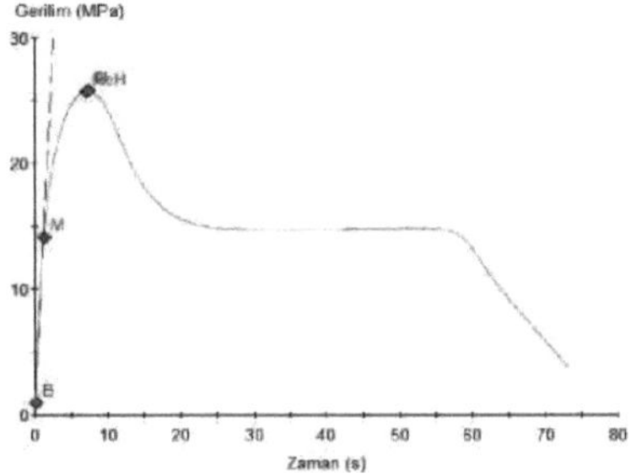

Fig. 22. Gráfico da tensão de cedência da amostra do 2° tipo

Tabela 4. Dados do resultado do teste da amostra do 2° tipo

Sample length (after)	60.000
Test speed	50.000
sample length (first)	10.000
parallel section length	60.000
moisture	50.000
temperature	23
Max. tensile force	25.1
yield strength -mx	25.128
yield strength -mn	***
tensile strength-mx	25.128
Max. force	2965.066
strain failure	500.000
cross sec. area damping	65.8284

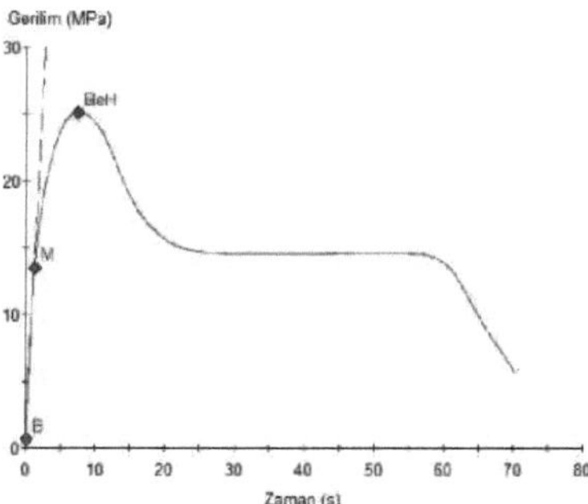

Fig. 23. Gráfico da tensão de cedência da amostra do 3° tipo

Tabela 5. Dados do resultado do teste da amostra do 3º tipo

Sample length (after)	60.000
Test speed	50.000
sample length (first)	10.000
parallel section length	60.000
moisture	50.000
temperature	23
Max. tensile force	25.1
yield strength -mx	25.128
yield strength -mn	***
tensile strength-mx	25.128
Max. force	2965.066
strain failure	500.000
cross sec. area damping	65.8284

Como se pode ver nos gráficos e tabelas do ensaio de tração, quando a carga é maior do que a retração da área aplicada, após o início da tensão real aumenta.

Resistência à tração: É a tensão obtida com a maior força aplicada. Resistência à tração até ao ponto em que o material se estende alongado. Após este ponto, a secção é estreitada (dando pescoço) e arranca. Resistência máxima à tração do material. Tensão-deformação de engenharia a tensão máxima na curva.

Deformação de rotura: a deformação total de rotura definida como o rácio entre a amostra e o comprimento do tamanho original.

Deformação de rutura (%) = ΔL / L0x100 = Lk-L0 / L0x100

A deformação de rutura do comprimento da amostra até à carga máxima é homogénea. Por outras palavras, nesta região, a secção transversal da amostra torna-se homogénea. Após este ponto, ocorre a formação de um pescoço (a secção transversal da amostra encolhe rapidamente numa área) e, a seguir, a deformação não é uniforme ao longo do comprimento da amostra.

Por conseguinte, a determinação do rácio de alongamento uniforme também é importante em termos de análise dos resultados.

Percentagem de rotura por deformação uniforme, pela divisão da dimensão inicial do alongamento desproporcionado formado pela maior força (Fc) obtida.

Deformação uniforme de rutura (%) = ΔL_t / L_0 x100 = L -L_{90} / L_0 x100

Efeito da temperatura de ensaio nas curvas de tração

Forma da curva tensão-unidade de deformação, resistência, ductilidade e fratura o efeito da temperatura de ensaio nas propriedades é muito elevado. À medida que a temperatura de ensaio aumenta, normalmente as curvas de tração deslizam para baixo.

Isto significa que a resistência à tração e ao escoamento do material é reduzida. O alongamento na rutura aumenta (o material torna-se dúctil).
A baixas temperaturas, a resistência e a fragilidade aumentam. O efeito da temperatura de ensaio nas curvas de tração é dado da seguinte forma.

Experiência Se a transformação de fase ocorre no material à temperatura (envelhecimento, recristalização, Tal como acontece com a transformação martensítica, as curvas de tração podem tomar forma muito mais. O efeito da temperatura sobre os materiais na estrutura não tem a mesma intensidade.

É necessário calcular a percentagem dos valores de alongamento das amostras para que todos os gráficos e tabelas possam ser analisados. Será examinado se os valores de alongamento total das amostras estão dentro da gama de valores indicados nas normas. Para este efeito, as condições de ensaio foram cumpridas tendo em conta a temperatura ambiente e a humidade. E, no final do ensaio de tração, os estados finais das amostras são apresentados nas Figuras 24, 25 e 26.

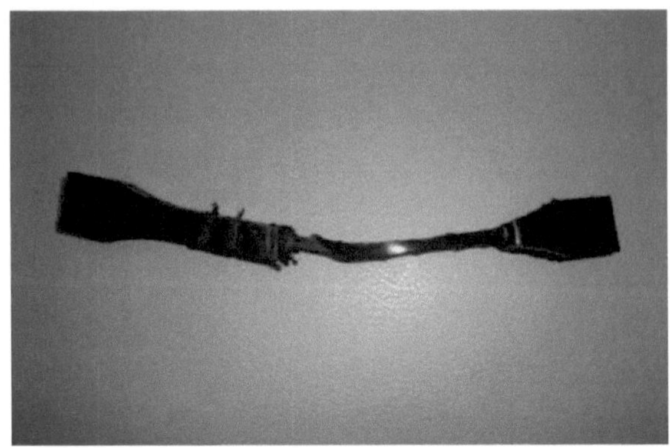

Fig. 24. Versão final, 1ª amostra do tipo que se estende de 120 mm a 189,01 mm

Fig. 25. Versão final da amostra do 2.º tipo estendendo-se de 120 mm a 183,27 mm

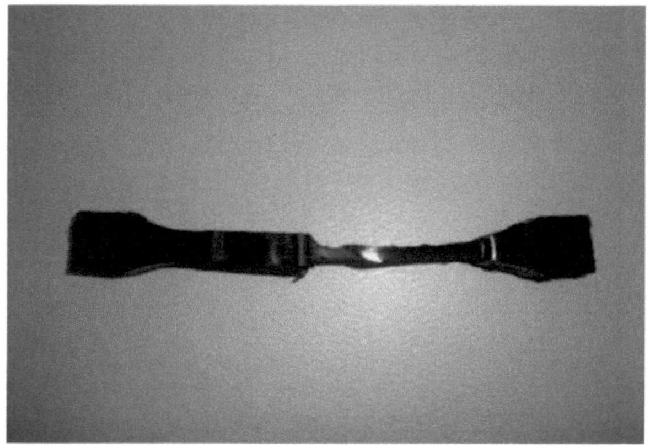

Fig. 26. Versão final da amostra do 3.º tipo que se estende de 120 mm a 181,47 mm

L_1 , L_2 , L_3 : Últimos comprimentos

L_0 : Primeiros comprimentos

e : Deformação elástica

ΔL : L $-L_{10}$ para ser,

é utilizada a fórmula conhecida de extensão do comprimento-percentagem.

3.8. Conclusões

Deformação elástica, o grau mais elevado de extinção na amostra de tração. O tamanho de

$$e = \frac{\Delta L}{L0} . \%$$:

a última amostra da amostra submetida ao ensaio de tração é medido.

ΔL= L1-L0 ; A fórmula é encontrada entre a primeira dimensão e a última dimensão da amostra. Estes valores indicam também a ductilidade do material.

O comprimento inicial das amostras era de 120 mm. Os últimos comprimentos:

Amostra de 1º tipo L0 =120 mm, L_1= 189,01 mm; ΔL1 = 69,01 mm, e_1=57,80

Amostra do 2º tipo L0 =120 mm, L_2= 183,27 mm; ΔL2 = 63,27 mm, e_2=52,72

Amostra do 3º tipo L0 =120 mm, L_3= 181,47 mm; ΔL3 = 61,47 mm, e_3=51,22

Os materiais em folha de polietileno de alta densidade, com base nos resultados da análise espetral, foram combinados pelo método de soldadura por extrusão.

Os resultados gráficos do ensaio mecânico de tração aplicado às três amostras obtidas pelo método de corte CNC a partir das placas coladas são apresentados juntamente com as tabelas. À luz dos resultados obtidos com correlações empíricas, podemos obter um crescimento médio de %54. Este rácio coincide com o intervalo de alongamento da norma ISO.

Como resultado, ficou provado que uma técnica concebida tendo em conta a superioridade mecânica do material de polietileno de alta densidade de acordo com as condições ambientais, através do ensaio de tração efectuado com base em três tipos de amostras, pode proporcionar a integridade estrutural da forma do casco.

Ao mesmo tempo, foi demonstrado que o método de soldadura por extrusão aplicado a estes materiais de polietileno é um método adequado para formar este sistema.

CAPÍTULO 4

4. Experiências com modelos

A resistência total do navio e, consequentemente, a potência da máquina principal do navio são determinadas por métodos aproximados baseados em ensaios sistemáticos de modelos em diferentes fases do projeto do navio. Antes de iniciar a construção do navio, é necessário conhecer com exatidão a sua geometria submarina, a sua potência de acolhimento e, consequentemente, a sua velocidade.

Este problema é resolvido através de técnicas de análise numérica ou de experiências com modelos físicos, tanto devido às facilidades de observação e medição como à possibilidade de aceder aos resultados num curto espaço de tempo e a baixo custo.

Ensaios de resistência de modelos de navios, árvores, parafina, etc. para obter valores de resistência de modelos desenhando um modelo feito de material como material a diferentes velocidades, e depois usar as leis de semelhança para estimar os valores de resistência do navio real a velocidades opostas. Assim, será possível determinar a potência da máquina principal necessária para o navio. Os resultados dos ensaios com modelos são também úteis para determinar e corrigir zonas hidrodinâmicas defeituosas da forma do navio.

Assim, as dificuldades de medição e económicas são eliminadas de acordo com o navio à escala real.

Foram desenvolvidos muitos métodos para determinar a resistência de um navio à escala real utilizando resultados de ensaios com modelos.

Os mais importantes são: o método de Froude, o método de geo-simulação de Telfer, o método de Hughes, o método de Prohaska, o método ITTC 1957 e o método ITTC 1978. O método de Froude, o método de Hughes, o método ITTC 1957 e o método ITTC 1978 são descritos em pormenor.

O Laboratório de Ensaios de Modelos de Navios ITU Ata Utku efectuou ensaios de resistência numa linha de água de corte e, posteriormente, foram feitas previsões de potência efectiva.

Vs: velocidade da embarcação, Vm; velocidade do modelo, Fn; número de Froude, Cf: coeficiente de resistência, Cr: coeficiente de resistência residual, Rm: resistência medida do modelo, Pe: potência efectiva e as variáveis necessárias são apresentadas na tabela 1 e na tabela 2.

O teste de resistência foi efectuado puxando a piscina à velocidade mais baixa de 0,54 m/s e à velocidade mais alta de 2,70 m/s.

Fig. 27. Modelo de experiência para a resistência conduzida numa carruagem

Foram utilizadas várias fórmulas como linha de alinhamento navio-modelo em diferentes métodos utilizados para determinar a resistência do navio com ensaios com modelos. Os valores de CF destas fórmulas, que dão o coeficiente de resistência ao atrito CF em escoamento turbulento, diferem entre si em função dos valores de Rn. Por exemplo, os valores de CF obtidos com a fórmula ITTC 1957 são 12% superiores aos valores de CF obtidos com a fórmula Hughes.

Para além dos ensaios de resistência, são efectuados vários outros ensaios em tanques de reboque para determinar as propriedades do fluxo em torno do casco.

Começaremos por descrever brevemente as principais técnicas utilizadas para medir as velocidades e as elevações das ondas. Em seguida, serão revistos os testes habituais efectuados em bacias modelo que são relevantes para a resistência e o escoamento.

Teste de pintura: Um teste de pintura é uma medição de fluxo mais detalhada e quantitativa. Uma tinta especial é aplicada em tiras circulares no modelo, que depois é conduzido através do tanque à velocidade desejada. Devido às propriedades precisamente ajustadas da tinta, esta é espalhada pelo fluxo, formando traços na direção da tensão de cisalhamento da superfície (fricção da pele). Isto indica as chamadas linhas de fluxo limitadoras.

Os traços do fluxo de tinta são utilizados para construir um conjunto de "linhas de fluxo" que indicarão a direção do atrito da pele, as regiões de separação, etc. No entanto, na zona da popa, o baixo atrito com a pele dificulta a obtenção de bons traços de tinta. A Fig. 28 mostra um exemplo de um ensaio de pintura.

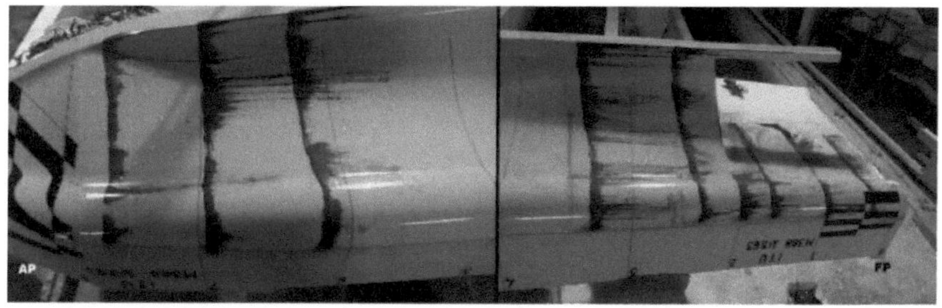

Fig. 28. Ensaio de fluxo de tinta representando o fluxo à volta do casco

4.1. Estudo de caso

ITU Ata Utku Ship Model Testing Laboratory, é necessário examinar em pormenor os dados das experiências efectuadas no modelo construído de acordo com a escala de semelhança[u] $\lambda = 3{,}63$" e as informações gráficas obtidas de acordo com esses dados. Assim se chegará à forma final do casco que será optimizada.

Tabela 3. Coeficientes de resistência do modelo

V_S (knot)	V_M (m/s)	R_{TM} (N)	F_n	R_n $*10^{-6}$	C_{F0M} $*10^3$	C_{RM} $*10^3$	C_{TM} $*10^3$
2	0.54	3.9	0.113	1.160	4.540	6.484	11.024
3	0.81	8.6	0.170	1.740	4.171	6.603	10.774
4	1.08	16.8	0.226	2.320	3.936	7.858	11.794
5	1.35	30.0	0.283	2.900	3.766	9.718	13.485
6	1.62	51.2	0.339	3.480	3.636	12.347	15.983
7	1.89	84.1	0.396	4.060	3.531	15.749	19.280
8	2.16	131.3	0.453	4.640	3.444	19.613	23.057
9	2.43	218.9	0.509	5.220	3.370	26.996	30.366
10	2.70	348.9	0.566	5.800	3.305	35.897	39.203

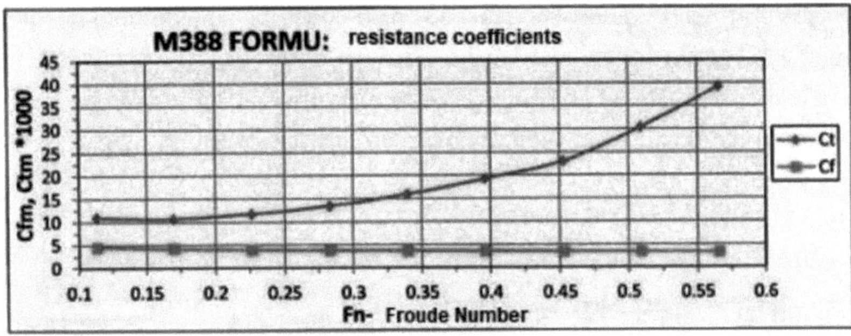

Fig. 29. Gráfico de resistência baseado nos coeficientes de resistência do modelo

Tabela 4. Coeficientes de resistência do modelo e requisitos de potência efectiva

Vs (knot)	Fn	Rn $*10^{-6}$	C_{F0S} $*10^3$	C_{RS} $*10^3$	ΔC_{FS} $*10^3$	C_{TS} $*10^3$	R_{TS} (kN)	P_E (kW)
2	0.113	7.294	3.171	6.484	3.573	13.228	0.23	0.24
3	0.170	10.940	2.954	6.603	3.573	13.130	0.52	0.80
4	0.226	14.587	2.813	7.858	3.573	14.243	1.00	2.05
5	0.283	18.234	2.710	9.718	3.573	16.001	1.75	4.50
6	0.339	21.881	2.630	12.347	3.573	18.550	2.92	9.02
7	0.396	25.527	2.565	15.749	3.573	21.887	4.69	16.89
8	0.453	29.174	2.511	19.613	3.573	25.697	7.19	29.60
9	0.509	32.821	2.465	26.996	3.573	33.034	11.70	54.19
10	0.566	36.468	2.424	35.897	3.573	41.894	18.32	94.27

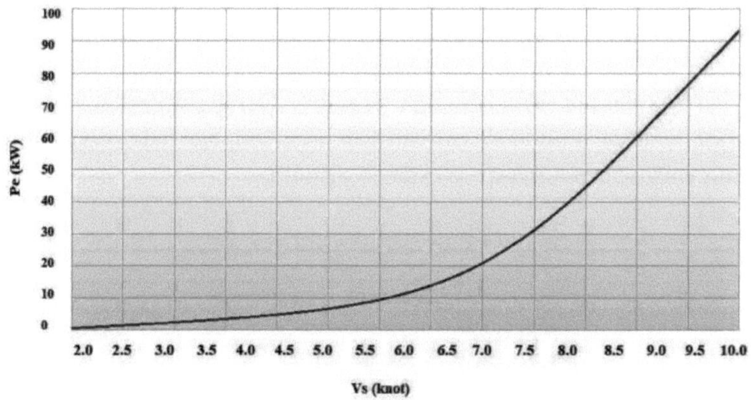

Fig. 30. Gráfico de requisitos de potência efectiva e velocidade

4.2. Conclusões

A base do projeto de engenharia moderno consiste em aumentar todos os dados disponíveis, uma vez que as alternativas de projeto irão aumentar o desempenho operacional. Para este efeito, a utilização de dados experimentais para elevar o design a um nível superior é a base da otimização da forma.

O requisito de potência efectiva do modelo é fixado em 54,19 kW. Este valor corresponde ao valor calculado no Maxsurf. Como resultado das experiências, os aumentos de resistividade na região da cabeça e da popa do modelo de barco foram revistos na fase de projeto nestas regiões.

Depois de efectuados os cálculos necessários e de acrescentada a superestrutura prevista, foi determinada a última forma principal do técnico cultural de pesca a partir do material de polietileno a fabricar no âmbito do estudo.

A análise espetral do material a ser utilizado nos projectos de conceção de barcos, que será feito de polietileno, plástico ou materiais compósitos, e todos os outros testes de tração, resistência e impacto podem ser realizados sob o título do projeto. Isto será muito eficaz para tratar o aspeto científico do trabalho e para ganhar a motivação dos académicos.

O interior dos tubos tubulares de polietileno e o fundo do barco foram preenchidos com esferovite, o que conferiu uma resistência adicional à forma do barco. Além disso, é utilizado um peso que pode ser considerado insignificante. Deste modo, o corpo é impedido de progredir em caso de derrame e o movimento prossegue sem problemas. Por fim, as entradas de ar utilizadas na carroçaria e a cromagem dos revestimentos dos bordos conferem ao barco um aspeto estético distinto.

Fig. 31. Vista frontal

(a)

(b)

Fig. 32. (a), (b) Estado final do barco

Referências

Demir, U. (2014). Projeto de barco de pesca cultural a partir de material de polietileno, KTU, Instituto de Ciência e Tecnologia, Departamento de arquitetura naval e engenharia naval, tese de mestrado *(TR; Polietilen Malzemeden Ktiltur Balıkçılıgı Servis Teknesi Tasarımı, KTU, Fen Bilimleri Ensiiiisıı, Gemi tnsatı ve Gemi Makineleri Muhendisligi Anabilim Dali, Yiıksek lisans Tezi)*

Actas do 3º Simpósio Internacional de Arquitetura Naval e Marítima, Ed.: Prof. A. D. Alkan, pp. 277-286, pp. 461-469 , ISBN: 978-975-461-548-7, 2425.04.2018, Universidade Técnica de Yildiz , Istambul

Pokharel, P., Kim, Y., Choi, S. (2016). Microestrutura e propriedades mecânicas da junta de topo em tubo de polietileno de alta densidade, Hindawi Publishing Corporation International Journal of Polymer Science Vol. 2016, Artigo ID 6483295, pp. 13

Larsson, L., e Raven, H., C. (2010). Série Princípios de Arquitetura Naval. The Society of Naval Architects and Marine Engineers 601 Pavonia Avenue Jersey City, New Jersey 07306, pp. 104-106.

Prospetor: O motor de busca global de materiais e ingredientes. (2018) Polietileno (PE) Plástico. https://plastics.ulprospector. com/generics/27/ polyethylene-pe

Bentley Systems, Incorporated (2014). Manual do utilizador do Maxsurf Resistance Windows Versão 20. http://www.cadfamily.com/download-pdf/ Max surf20/ maxsurf20 /ResistanceManual.pdf

Soldadura Wegener. (2018). O especialista em soldadura de plásticos. http:// www. Wegener Welding.com/pdf/09_Guidelines.pdf

Programa Nacional de Aprendizagem Reforçada pela Tecnologia, (2018). Princípios dos ensaios de tração. http://nptel.ac.in/courses/116102029/42

Ageorgesa, C., Yea, L., Hou, M. (2001). Advances in fusion bonding techniques for joining thermoplastic matrix composites: a review, a Department of Mechanical & Mechatronic Engineering, Centre for Advanced Materials Technology, The University of Sydney, Composites: Parte A 32 (2001) pp. 839-857

Printed by Books on Demand GmbH, Norderstedt / Germany